JN195603

「茶つみ」

♪夏も近づく　八十八夜
野にも山にも　わかばがしげる
あれに見えるは　茶つみじゃないか
あかねだすきに　すげのかさ

ひよりつづきの　今日このごろを
心のどかに　つみつつ歌う
つめよつめつめ　つまねばならぬ
つまにゃ　日本の茶にならぬ

文部省唱歌

伝えよう！ 和の文化
お茶のひみつ①
お茶の
工場に行こう
監修 伊藤園

はじめに

みなさんは、ふだんどんなお茶を飲んでいますか？
お茶といっても、緑茶、ウーロン茶、紅茶など、さまざまな種類があります。これらのお茶はすべてツバキ科の植物「チャノキ」を加工してつくられています。お茶を飲む風習は、中国から日本へ伝わり、長い時間をかけて発展してきました。この本では、日本の緑茶（日本茶）について、身近なペットボトルのお茶ができるまでを紹介します。
ペットボトルのお茶も、昔から飲まれてきた、きゅうすでいれるお茶と同じように、畑で育てたお茶の葉（生葉）を収かくし、工場で加工します。そして茶葉は飲料の工場へ運ばれ、抽出したお茶をペットボトルにつめて完成します。
世界ではじめてペットボトルの緑茶をつくったメーカー・伊藤園の工場へ、お茶のひみつをさぐりに出発しましょう！

もくじ

お茶がいっぱい！

ずらりと並んだたくさんのお茶。缶やペットボトルのお茶から、ティーバッグのお茶、茶葉や粉のお茶まで、さまざまな種類があります。これらはすべてお茶の葉（生葉）*1 を加工してつくられています。お茶はどのようにつくられるのでしょうか。「お～いお茶」をつくっているメーカー・伊藤園のお茶づくりをのぞいてみましょう。

*1 この本では、加工する前のお茶の葉を「生葉」、加工したあとのお茶を「茶葉」としています。また、茶業界では茶葉を「ちゃよう」と読んでいますが、この本では一般的な読み方の「ちゃば」としています。

*2 カテキンについては 33 ページへ。

いろいろなサイズがあるんだね！
形もおもしろいよ。

商品提供：株式会社伊藤園

「カテキン2倍*2」って書いてあるよ。
「お～いお茶」はきれいな色だね！

伝統的なお茶（荒茶）ができるまで

茶畑でつまれたお茶の葉（生葉）は、時間がたつと品質が低下するため、すばやく加工し、「荒茶」という状態にします。現在は、機械による加工が主流ですが、ここでは昔ながらの手作業による工程を紹介します。

1 つむ

一芯二葉（芯とその下の2枚の葉）または一芯三葉（芯とその下の3枚の葉）をつみとります。高級なお茶ほど若いお茶の葉（生葉）を使います。

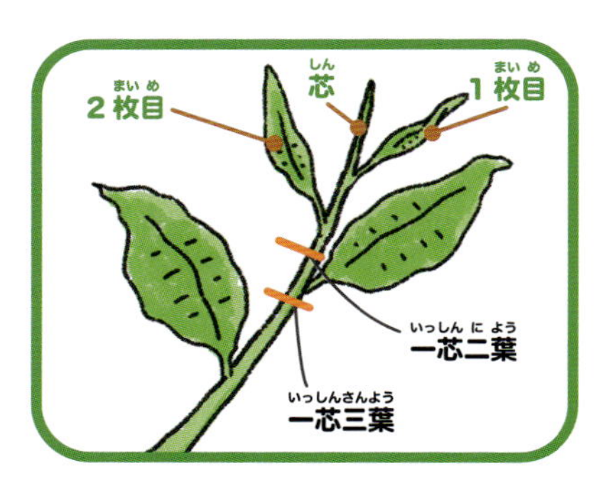

2 蒸す（蒸熱）

「せいろ」という木製の蒸し器で生葉を熱い蒸気で蒸します。蒸すことで青くささがなくなり、葉がやわらかくなります。青くさいにおいがなくなったら取り出します。

3 冷ます

茶葉が手でさわれるくらいの温度になったら、ござやざるなどの上に広げて冷まします。冷めたら、和紙をはった「助炭」という木枠に移します。

7 もみ切り

助炭に茶葉をもどし、両手で茶葉をはさんでもち上げ、やさしく前後左右にすり合わせながらもみます。乾いてきたら力を入れて茶葉が丸くよじれた形になるようにもみこみます。

8 転ぐりもみ

茶葉を集めて、茶葉の向きをそろえて両手で茶葉を包みこむようにはさみ、すり合わせて針状にのばします。30分ほどもむと、茶葉につやと香りが出て、色は深緑色に変わります。

9 こくり

茶葉の向きをそろえて両手で強くにぎり、左右の手で交互に葉をまわすようにしながら強くもみます。30～90分ほどくり返すうちに葉がさらにピンとのび、つやが出ます。

手もみの工程の名前は地域によりことなります。

手もみは無形文化財

お茶の葉（生葉）を手でつんで蒸し、もみながら乾燥させる昔ながらの手もみの技術は、日本の各地で無形文化財として登録され、大切に受けつがれています。

実際の手もみのようす（提供：牧之原市手揉み保存会）。

4 葉ぶるい

温めた「助炭」の上で茶葉を両手でもち上げ、ほぐして落とすという動きをくり返します。30～50分ほどおこなうと、くっついていた葉がほぐれていきます。

5 回転もみ

両手を大きく左右に動かして茶葉をころがすようにもみます。最初は1分間に30往復し、後半はゆっくり40分ほどおこないます。ひと玉にまとめ、玉をくずしながら練るようにもみます。

6 玉解き・中上げ

手を熊手の形にして、ひと玉になった茶葉を左右交互にすばやく動かしてまぜながら広げます。茶葉を助炭から、かごに広げて冷まします。その間に助炭をそうじします。

10 乾燥　荒茶の完成

茶葉をうすく広げて乾かし、まんべんなく茶葉が乾いたら完成。荒茶の水分は生の葉にくらべて5％ほどに減っています。

現在では、技術の進歩によりお茶をつくる工程は進化しています。
つぎのページから、お茶のメーカー・伊藤園の茶畑や荒茶工場、ペットボトルの飲料工場を見ていきましょう。

茶畑に行ってみよう

ここは静岡県牧之原市にある茶畑です。お茶の木は太陽の光がよく当たり、水はけのよい土地で育てられています。お茶は種ではなく苗から育てられ、5年ほどたって十分に木が育ってからお茶の葉（生葉）を収かくします。「夏も近づく八十八夜」ではじまる茶つみの歌を知っていますか。立春（2月4日ごろ）から数えて88日目（5月のはじめごろ）にはあたたかくなり、新芽が出そろってくるため、茶つみによい時期だと昔から歌われてきました。

お茶農家 横山洋子さん

「やぶきた」という品種を栽ばいしています。お茶の新芽は天ぷらにするとやわらかくておいしいですよ！

1 茶葉をつむ（摘採）

昔は手でつんでいたため、時間もかかるたいへんな作業でした。現在は多くの農家がいろいろな機械を使っておこなっています。手づみにくらべて効率よく作業でき、お茶の葉（生葉）を新鮮なまま、すばやく工場に運べるようになりました。生葉はぬれると品質に差が出るので、生葉のつみとりは雨の日はおこないません。

新芽を上から3～4枚ほどつめるように機械の高さを調整しているよ！

お茶の葉が育つ茶の木の形は、機械の刃の形に合わせて丸みのある形にととのえられる。新茶をかりとったあとは、二番茶のつみとりに向けてつみとる部分をきれいにならしていく。

ポイント

お茶の葉（生葉）は天気の影響を受けやすいよ。寒い時期は霜がつかないように、「防霜ファン」（右の写真）をまわして、上空のあたたかい空気を地上に送りこむんだ。

2 トラックに積んで、工場に運ぶ

トラックにお茶の葉（生葉）を積んだら工場に運びます。生葉は鮮度が大事なので、すばやく作業します。新茶の季節には、茶畑と工場の間を何度も往復します。

もっと知りたい！ 茶畑のこと

お茶の葉は、野菜と同じように畑で育てられています。
お茶はどんな植物で、どのように育つのでしょう。茶畑の１年を見てみましょう。

茶畑の１年

お茶の木は「チャノキ」とよばれる、ツバキ科の植物で、一年中葉が落ちることのない常緑樹です。葉はツバキの葉と同じようにだ円形で、ふちにギザギザがあり、表面はつるっとしていて、やや厚みがあります。

春が近づくと、チャノキは太陽の光をあびて、黄緑色の新芽が芽ぶき、ぐんぐん育ちます。太陽の光が当たると、葉はだんだん深い緑色になり、かたくなっていきます。４月中旬～５月上旬ごろ、４～５枚ほど新しい葉が開いたらつみとります＊。この葉を「一番茶（新茶）」といいます。一番茶は、秋～冬の間にたくわえた養分がたっぷりとふくまれているため、ほかの時期のお茶にくらべ、アミノ酸などのうまみ成分を多くふくみます。そのあとに出た新しい葉をつみとったものが「二番茶」、つづいてつみとったものを「三番茶」とよびます。秋ごろにはチャノキの根がのびやすいように土を耕したり、肥料をあげたりするなど、土壌の改良をおこないます。また、来年の収かくにそなえて枝を切りそろえます。このときにかりとった葉で「秋冬番茶」がつくられます。

＊ 伊藤園の契約している茶畑のつみとりの時期です。茶葉のつみとりの時期は産地により差があります。

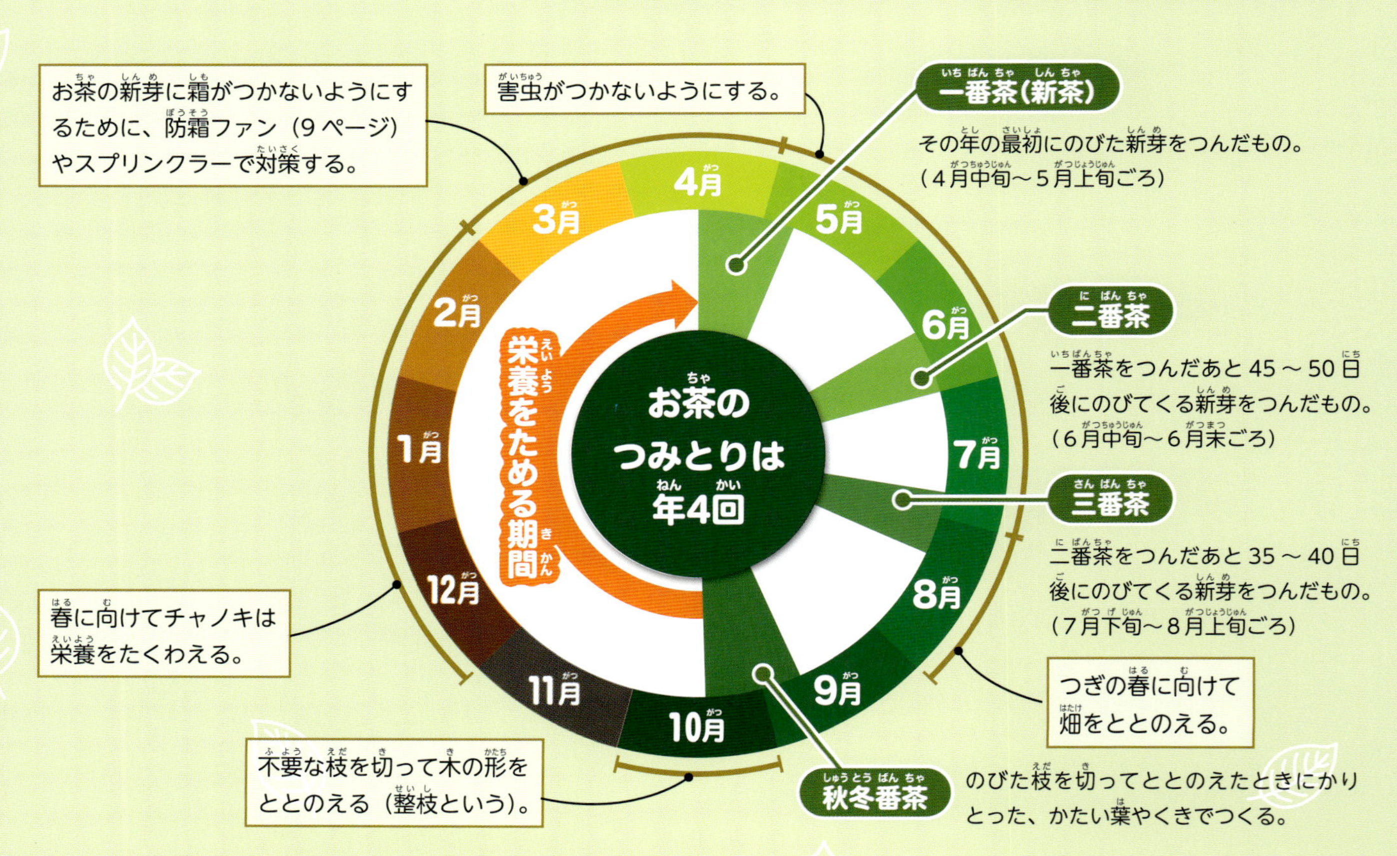

チャノキの育て方

日本の茶畑で育つチャノキの品種は100種類以上ありますが、「やぶきた」が約7割をしめています。ほかの品種の多くは、やぶきたを改良してうまれました。茶畑では、同じ品種を植えて、ドーム型になるようにうねをつくります。お茶の葉（生葉）の育ち方がそろっていると、つみとる時期も見きわめやすく、効率がよいのです。

お茶の品種や生産地については、4巻『お茶の文化と歴史を知ろう』を読んでみよう。

茶が育つ気候・土壌

チャノキはもともと南方の植物で、温暖で雨の多い土地が栽ばいに適しています。平均気温は13℃以上、冬季に−5℃を下まわったりしない環境がよいとされています。また、年間の降水量は1,300 mm以上必要です。通気性（風通し）、保水性（水もち）と排水性（水はけ）のバランスがよい土壌が適しています。

チャノキの花と実

チャノキは、秋（9月〜11月ごろ）に白い小さな花を咲かせます。品種によってことなりますが、花びらの数は5〜7枚くらいで、たくさんの黄色いおしべと、中心に1本のめしべがあります。昆虫などにより受粉し、花が散ると、緑色の実ができます。

一年かけて実は大きくなり、ふたたび秋になるころ、熟して茶色くなっていきます。実の中には、種が3つぶほど入っています。茶畑では、よいお茶の葉（生葉）を収かくするために、栄養をすいとってしまう花をできるだけ咲かせないように育てています。

直径3〜5 cmくらいの白い小さな花が咲く。

昔は種から油をとって利用していた。現在、実をしぼって出した油は「ティーオイル」とよばれ、注目されている。

茶畑の地図記号

地図では茶畑は3つの点で表します。これは実の中に入っている3つぶの種に由来しています。

写真AC

荒茶工場に行ってみよう

茶畑からつまれたばかりのお茶の葉（生葉）が工場に届きました。この工場は「荒茶工場」といいます。生葉はつんでから時間がたつと品質が落ちてしまうので、蒸して乾燥させ、保存できる「荒茶」とよばれる状態まですぐに加工します。荒茶にする作業は機械でおこなっていますが、生葉の状態を見きわめ、1秒1℃単位で細かく機械を設定するためには熟練の技が必要です。

荒茶工場 製造部門担当 増田剛さん

天候の影響も大きく、暑い夏の作業はたいへんですが、いいお茶ができたときはやりがいを感じます！

「荒茶」って？

つんだばかりのお茶の葉（生葉）は呼吸をして熱を発しているため、じょじょにしおれたり、色が変わったりして、風味が落ちていきます。そのため、すぐに蒸して冷やしながら乾燥させなければなりません。

蒸した茶葉を急に乾燥すると粉々になったり、味や質が落ちたりするため、いくつもの工程をへて少しずつ水分を減らし、茶葉のうまみをそこなわないようにおこないます。荒茶にする作業は昔は手作業でおこなわれていましたが（6ページ）、現在は機械でおこなわれることが多くなりました。

▲伊藤園 浜岡工場
静岡県御前崎市にある、茶畑に囲まれた工場。

手順を見てみよう

1 計量・搬入

トラックに積まれてお茶の葉（生葉）が届きました。「トラックスケール」という大型のはかりを使い、トラックごと生葉の重さをはかります。このトラックには約300 kg積まれていました。重さをはかったら生葉を荷台からおろし、コンテナに運び入れます。

ポイント

お茶の葉（生葉）をおろしたトラックの重さもはかり、生葉を積んだトラック全体の重さからトラックの重さを引き、生葉の量を計算するよ。

工場にはいろいろな茶畑でつまれたお茶の葉（生葉）がつぎつぎと届きます。どの茶畑で、いつ収かくされた生葉なのかがわかるように、トラックごとに分け、製品になるまでのそれぞれの段階で記録をつけています。食の安全を守るためのしくみで、「トレーサビリティ」といいます。

2 送風・加湿

あみ状の機械にお茶の葉（生葉）をのせ、移動させながら下から湿った空気を当て、風でよごれを吹きとばします。また、湿った空気を当てることで、生葉の水分をたもちながら生葉の温度を下げていきます。

3 蒸す（蒸熱）

蒸し機の中で、100℃の蒸気でお茶の葉（生葉）を蒸します。葉の緑色をたもちながら、青くさいにおいをのぞいていきます。

ポイント

大きさやかたさを見て、お茶の葉（生葉）ごとに温度や蒸し時間をきめているよ！

温度や蒸し時間を設定する。蒸し時間は1秒単位で設定できる。

ムラなく蒸すために、お茶の葉（生葉）を平らに並べて蒸気で蒸す。

蒸し終えた茶葉はベルトコンベアで運ばれる。運ぶ間に温度を下げ、つぎの工程へ。

蒸されてあざやかな緑色になった茶葉。まだ水分でしっとりした状態。

蒸し時間で味や香りが変わる!?

蒸す作業はお茶の葉（生葉）を加工するうえでとても大切な作業です。蒸し時間が緑茶の味や香り、お茶をいれたときの色（「水色」といいます）に大きく影響するからです。蒸し時間が短ければ、渋めの味で香りが強めになり、お茶をいれたときの色はすんだ淡い緑色になります。蒸し時間が長ければ、香りは弱まり、まろやかな味わいになり、お茶の色は濃い緑色になります。生葉の状態を見て蒸し時間をきめていますが、技術と経験が必要です。

4 冷やす（冷却）

高温で蒸した茶葉に風を送り、部屋の温度と同じくらいの温度まで冷やします。すばやく冷やすことで、茶葉のあざやかな色と香りをたもちます。

茶葉に風が届くようにしっかりまぜ合わせながら、ムラなく冷やす。

一度冷やすことで茶葉の色や香りをキープしているよ！

5 葉打ち

回転するつつ状の機械の中で葉を打ちつけながら、乾燥した熱風を送り、茶葉の表面についた水分をとばします。茶葉の色やつや、香りがよくなります。茶葉の状態を見ながら、80～120℃まで5段階で温度調整をおこないます。

「葉打ち」をすることで茶葉表面の水分が取りのぞかれ、乾燥しやすくなり、つぎのもむ工程の時間を短くできる。葉打ちを終えると茶葉の水分は70％くらいに減る。

6 もむ①（粗揉）

茶葉に乾燥した熱風を当てながら大きなフォークのような機械でかきまぜ、もみます。茶葉をさらにやわらかくしていきます。

水分を少しずつ減らしていく。茶葉の水分は50%くらいになる。

7 もむ②（揉捻）

茶葉がよくよじれるように、加熱はせずに力を加えてもみます。葉やくきの水分が全体的に等しくなるようにしていきます。こうすることで、お茶を抽出するときに茶葉の成分が出やすくなります。

うずまきもようの機械の上で茶葉をまわすことで、葉がよじれていく。

ポイント

茶葉の水分を均一にしていくよ！

8 もむ③（中揉）

茶葉に乾燥した熱風を送りながらもみます。つつ状の機械の中で茶葉を回転させることで茶葉がほぐれ、さらに葉がねじれて細くなります。

茶葉に残っている水分を熱風でとばす。茶葉の水分量は30％ほどになる。

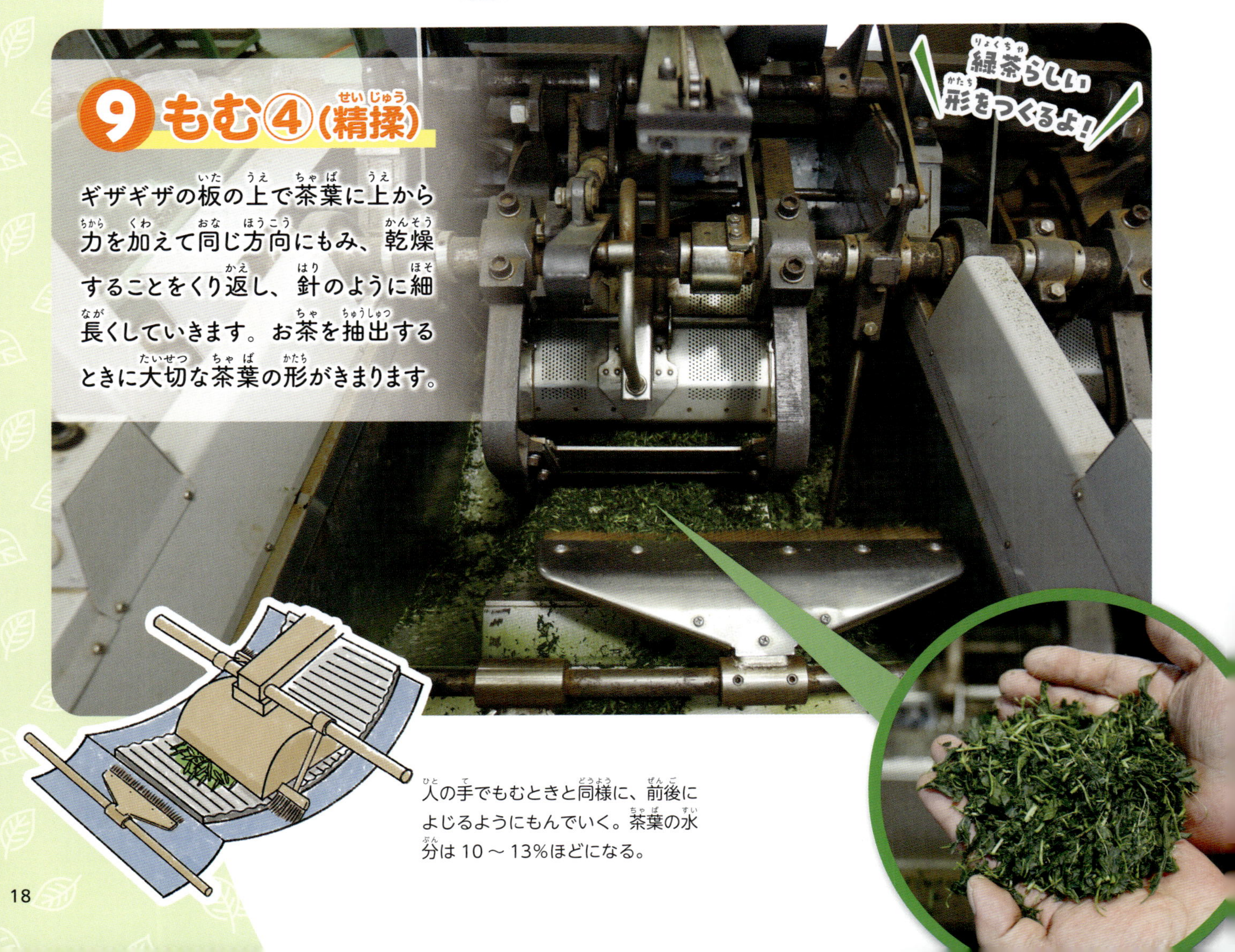

9 もむ④（精揉）

ギザギザの板の上で茶葉に上から力を加えて同じ方向にもみ、乾燥することをくり返し、針のように細長くしていきます。お茶を抽出するときに大切な茶葉の形がきまります。

人の手でもむときと同様に、前後によじるようにもんでいく。茶葉の水分は10～13％ほどになる。

10 乾燥

乾燥機の中で、お茶にふくまれる水分が5％くらいになるまで熱風で乾かします。しっかり乾燥させることで、長く保存できるようになり、香りもよくなります。

ベルトコンベアで、一番上の段から40分かけてゆっくりと下の段に移動させながら、茶葉を乾燥させる。

茶葉を動かしながら時間をかけて乾かす。

11 梱包

乾燥を終えた茶葉は、まわりのにおいを吸収しないように紙、ビニール、紙の順で厳重に包み、冷蔵倉庫へと運びます。ラベルには製造日や製造した工場などの情報が記録されています。

ポイント

茶葉の品質をたもつために、倉庫内は適切な温度にたもたれているよ！

仕上げ工場へ

仕上げ工場では、荒茶の香りと味わいを高めるため、茶葉の状態を見ながら加熱する「火入れ」という仕上げをおこないます（37ページ）。そのあと、イメージする商品の味になるよう、さまざまな茶葉を組み合わせる「合組（ブレンド）」をおこないます。

飲料工場へ

できあがった茶葉は、ペットボトルや缶の緑茶にするために飲料工場へ運ばれます（20ページ）。

飲料工場に行ってみよう

ここは、世界初のペットボトルの緑茶「お～いお茶」をつくっている工場です。
お茶を抽出し、容器につめています。色や味、香りを加えることなく、茶葉本来のおいしさを味わえるお茶をつくるために、さまざまなくふうをしています。

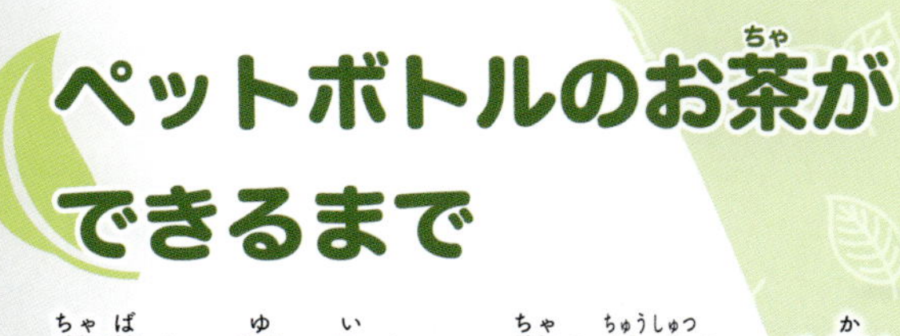

ペットボトルのお茶ができるまで

茶葉をお湯に入れてお茶を抽出し、ろ過してペットボトルにつめるまでの作業をおこないます。お茶を抽出する温度や時間を調整したり、味や風味をそこなう成分を取りのぞいたり、たくさんのくふうがあります。お茶をはじめ、ペットボトルの容器やキャップも殺菌し、どの工程でも品質検査を欠かさずおこなうことで、おいしく、安全なお茶をわたしたちに届けています。

▲ホテイフーズコーポレーション
富士山のふもと、静岡県富士市にある食品工場。豊かな地下水を使って、「お～いお茶」など食品の製造をしている。

手順を見てみよう

1 茶葉を投入する

お湯を入れた抽出機に茶葉を投入します。季節や茶葉の種類によって抽出時間や抽出温度を1秒1℃単位で細かく調整しています。

2 お茶を抽出して、冷却する

この機械は「急須式抽出機」とよばれています。きゅうすでお茶をいれるように茶葉が均等にお湯につかるため、一定の味を出すことができます。さらに、きゅうすのようにかたむけて、お茶の抽出液を取り出すことができます。すぐれた機械ですが、緑茶のおいしさを引き出すいちばんのポイントは、茶葉が開くその瞬間を人の目で見きわめること。ほんの少しの時間や温度の差で味が変わってしまうため、経験が必要です。

抽出したお茶は風味をキープするため、すぐに冷却されます。これがお茶の原液となります。

ポイント

お茶を抽出したあとの茶葉（茶がら）はリサイクルしているよ（46ページ）。

3 ろ過・調合・殺菌する

お茶のおいしさをそこなうのが、お茶の「オリ（浮遊物）」と酸素です。ここではお茶の原液を小さな穴の開いたフィルターに通して「ろ過」します。つぎにお茶にちっ素を注入して、お茶液中の酸素を取りのぞきます。その後、さまざまな調整をして、最後に120～135℃の高温に上げ、風味をそこなわないよう短時間でお茶を殺菌したあと、冷やします。

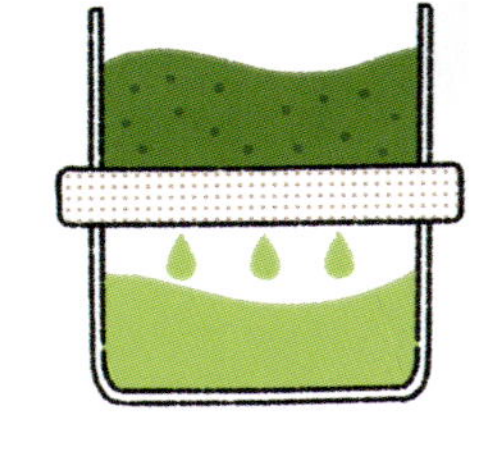

パイプを通って運ばれてきたお茶と純水（水）を合わせたあと、殺菌している。

4 ペットボトルにつめる(充填)

ペットボトルにお茶をつめています。機械でペットボトルを回転させながら入れることで、お茶があわ立たないようにそそいでいます。写真の600 mLペットボトルなら、1秒に10本つめることができます。ペットボトル上部のすきまにちっ素を吹きこみ、酸素を取りのぞいたら、すばやくキャップを閉めます。

キャップも消毒!

お茶をつめたら、すばやくちっ素を吹きこみ、すぐにキャップを閉める。

キャップの具合や内容量など、人の目と機械で検査する。

ポイント

お茶をつめる作業はすべて無菌の状態でおこなわれているよ!

SDGs 化学薬品を使わずにペットボトルを殺菌

伊藤園がけいやくしている飲料工場では、化学薬品を使わない「NSシステム」(NS:Non Sterilant =薬剤不使用)でペットボトルなどの容器を殺菌しています。化学薬品のかわりに温水を用いているため、お茶をつめる前に薬品を水で洗い流す必要がありません。

また、以前はお茶を高温のままつめて殺菌していたので、高温に耐えられる厚みのあるペットボトルが必要でした。しかし現在では無菌の状態かつ常温でお茶をつめられるようになり、ペットボトルに厚みがいらなくなったため、ペットボトルに用いる原料も減らすことができました。環境にも人にもやさしいお茶づくりをめざしています。

5 ラベルをはる

ラベルはつつ状にして、ペットボトルの上からかぶせます。つぎに蒸気が出るスチームトンネルへ運ばれ、蒸気の熱でラベルを収縮させてペットボトルにはります。

6 賞味期限などを印字する

最後に品質検査をおこなったあと、1本ずつ、キャップのリング部分に賞味期限などを印字します。

ポイント

最終検査では、キャップがちゃんと閉まっているか、お茶の量は正しいか、ラベルがずれたり破れたりしていないかなどを機械でチェック！　合格しないと出荷できないよ。

7 梱包して出荷する

ベルトコンベアで運ばれてきたお茶のペットボトルは、箱につめられます。箱を組み立てるのも機械で自動でおこなわれ、まるで手のようになめらかな動きで梱包されていきます。箱にも製造月や製造場所などが印字され、1箱ずつ重さをはかって本数がまちがっていないかを確認し、出荷されます。

梱包後はトラックへ積みこみます。

ペットボトルはこうしてつくられる！

ペットボトルの形は飲料ごとにちがいますが、じつは成形前はみんな試験管のような形をしています。ペットボトルはどのようにつくられていくのでしょう。

1 材料を型に入れて成型する

「プリフォーム」とよばれる試験管のようなペットボトルの材料を温めて専用の金型にセットします（❶）。やわらかくなったプリフォームを金型に入れて、棒でのばしながら空気を入れてふくらませていきます（❷）。金型の形にふくらんだら冷やし、できあがったペットボトルを金型から取り出します（❸）。600 mL のペットボトルなら、1分に 600 本つくることができます。

ペットボトルの材料「プリフォーム」。

型に合わせてふくらませたペットボトル（600 mL）。

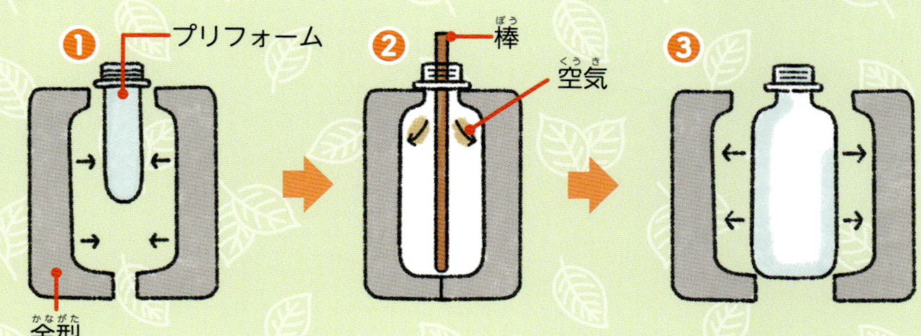

2 検査する

成形したペットボトルは、穴が開いていないか、キズがついていないか、規格どおりのサイズになっているかなどを検査します。

3 温水で洗って冷却する

ペットボトルの上下をひっくり返し、温水で洗います（❶）。つづいて容器を冷水で冷やし（❷）、容器内の水をきります（❸）。容器の上下をひっくり返して、お茶などの飲料をつめます（❹）。

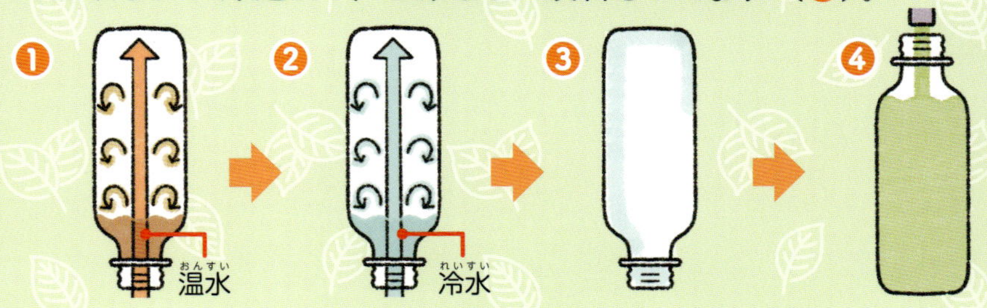

伊藤園のお茶づくり
—「お～いお茶」ができるまで—

世界中で飲まれている緑茶「お～いお茶」ができるまでには、たくさんの人がかかわっています。お茶の葉（生葉）を育てる人、茶葉を仕入れる人、商品を企画する人、工場で加工する人、品質をチェックする人たちが協力して、おいしいお茶の商品がつくられているのです。

茶畑

よいお茶の葉を育てるには
冬季の茶畑の管理も大切です。

伊藤園のお茶商品の原料となるお茶の葉は、おもに静岡県、京都府、鹿児島県などで育てられています。伊藤園とけいやくしているたくさんの農家が、長い時間をかけ、深い愛情をこめて、おいしいお茶を育てています（8ページ）。

静岡県牧之原市にある農家の▶
横山直巳さん・洋子さん

工場

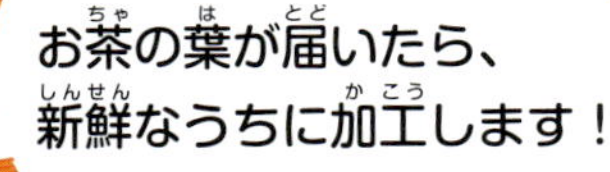

お茶の葉が届いたら、
新鮮なうちに加工します！

茶畑でつまれたお茶の葉（生葉）は工場に運ばれ、すばやく加工されます。保存ができるように「荒茶」に加工する工場（12ページ）、火入れをしたり、茶葉をブレンドしたりする仕上げの工場、お茶を抽出して容器につめる飲料工場などがあります（20ページ）。

◀荒茶の工場で生葉の加工をしている
増田剛さん

仕入れ部門

「お～いお茶」は、複数の茶葉を組み合わせて、さまざまな味わいをつくりだしています。茶葉の味や香り、形を確認したり、試飲をしたりしながら、茶葉を仕入れます。

静岡県のお茶を取り引きする市場「茶市場」で、▶
茶葉の確認をしている
仕入れ部門の横道泰隆さん（左）

いろいろな産地の茶葉を調べています。

「お～いお茶」も変わりつづけています！

マーケティング部門

お客さんの声や社員の声を聞いて商品を開発しています。

新商品を企画・開発したり、すでに販売されている商品をさらにおいしくリニューアルしたりするのが、マーケティング＊部門です。仕入れ部門、開発部門とも相談しながら、めざす「お～いお茶」の味を実現しています。また、お客さんの声を聞きながら、新しい商品もうみだしています。「お～いお茶」の商品の中でも、新茶の時期には限定商品の「お～いお茶 新茶」を発売したり、最近では、若者の意見を取り入れた「お～いお茶 〇（まろ）やか」などをつくりました。

＊ お客さんが求めているものを知るための市場調査や分析をすること。

▲リニューアルや
新商品開発にたずさわる
安田哲也さん

▲「お～いお茶」のおいしさを
守り、リニューアルを担当する
鍋谷卓哉さん

開発部門

思いえがいたお茶の味が出せたときは、本当にうれしいです！

茶葉の味や香り、形などをチェックします。また、茶葉の量やお湯の温度、抽出時間などさまざまな条件を組み合わせて、イメージした味わいをつくるために工場で研究しています。

◀理想の味わいを実現するために
日々研究している
坂田匡孝さん

世界初！缶のお茶をつくる！

外出先でもお茶が飲めるのは今ではあたりまえのことですが、昔は缶やペットボトルのお茶はありませんでした。缶のお茶はどのようにうまれたのでしょう。

1975年ごろ

「缶の緑茶」の開発がスタート

ポイント

缶のお茶が登場する前は、きゅうすでお茶をいれるのが一般的だったよ。

缶のお茶はどうしてうまれたの？

1970年ごろになると、日本にも海外の文化がたくさん入ってくるようになり、食の欧米化が進みました。自動販売機が普及し、あまい炭酸飲料が飲まれるようになり、ファストフードやコンビニエンスストアも登場。生活スタイルも変化し、手間をかけてきゅうすでいれたお茶を飲む機会は減っていきました。また、茶葉からいれた温かいお茶は夏になると需要が減りがちでした。そこで、外出先で、いつでもすぐに冷たいお茶を飲めるように、1975年ごろから缶の緑茶の開発がはじまりました。

缶のウーロン茶が先に誕生！

缶の緑茶の商品化は、困難の連続でした。なぜなら緑茶は酸素によって劣化してしまうため、お茶の味わいを缶の中でキープするのがむずかしかったからです。ちょうどそのころ、伊藤園は中国からウーロン茶の茶葉の輸入をはじめていました。体にいいことが知られるとウーロン茶は人気となり、缶のウーロン茶の開発もはじまりました。茶葉を発酵させてつくるウーロン茶は酸化（酸素による変化を「酸化」といいます）しにくく、品質が変わりにくいため、緑茶よりもはやく1980年に缶の商品化に成功しました。

世界初、缶の緑茶の開発に成功！

きゅうすでいれたお茶の色が、時間がたつと緑色から赤茶色に変わっていたことはありませんか？　その原因は空気の中の酸素です。この酸化を防ぎ、いれ立てのおいしさを缶の中でたもつ方法をさぐりつづけ、1984年、ついに世界初の緑茶飲料「缶入り煎茶」が完成しました（30ページ）。

ポイント

昔から「よいごしの（一晩おいた）お茶は飲むな」といわれていたように、緑茶は品質が変わりやすいよ！

お茶は、時間がたつとどうなる？

時間がたつと、緑茶にふくまれる緑色の色素成分「クロロフィル」（葉緑素）と透明な「カテキン」が酸化します。これが赤みをおびる原因です。

缶の緑茶ができる前、外でお茶は飲めなかった？

「ポリ茶びん」。

江戸時代の「茶弁当」（屋外用茶飲みセット）。（提供：草津宿本陣）

お茶をいれる陶器製の容器「汽車土びん」。

今から500年以上も昔、室町時代（1336～1573年）には、屋外でまっ茶をたててたのしむ茶会「野点」がおこなわれていました。江戸時代（1603～1868年）にはお花見やもみじ狩り、大名の参勤交代の際などに「茶弁当」とよばれる屋外用の茶道具セットをもち運び、お茶をたのしみました。その後、明治時代（1868～1912年）には新橋駅と横浜駅の間にはじめて鉄道が開通しました。鉄道の旅には駅弁が欠かせませんが、駅弁とともに陶器製の「汽車土びん」に入れたお茶が販売されました。多くは使い捨てだったそうです。昭和時代（1926～1989年）には、陶器製からプラスチック製の「ポリ茶びん」に変わり、より手軽にお茶をたのしめるようになりました。汽車土びんやポリ茶びんは復刻されて今でも売られているところがあります。

伊藤園のくふう①

缶の緑茶が完成するまで

緑茶は酸化を防ぐのがむずかしいといわれてきましたが、缶の緑茶がうまれ、飲まれるようになるまでにはどんなくふうがされてきたのでしょう。

くふう1 酸化を防ぐ

問題　酸素により品質が落ちる

お茶は酸素にふれると「酸化」がおこり、色が変わり、香りや味が落ちてしまいます。お茶をいっぱいにつめても、容器の中にはわずかに空気が残るため、酸化を防ぐのはむずかしいのです。この空気にふくまれる酸素を取りのぞくため、何年も研究がつづけられました。

切ったりんごの断面の色が変わるのも酸化が原因。

解決　ちっ素を入れて酸化を防ぐ

そこで、すでにほかの飲料でも利用されていたちっ素を緑茶でも試してみました。ちっ素は空気中にふくまれる気体です（ちっ素は78％、酸素は21％ふくまれています）。ちっ素は味や色、においがなく、体にも影響しません。酸素とまざり合うこともなく、水にとけない性質のちっ素を缶に入れることで缶の中の酸素を取りのぞくことに成功しました。

？ちっ素を缶に入れるには？

缶にお茶を入れたあと、ふたをのせて閉じ、密封する瞬間にちっ素ガスを入れます。すばやくちっ素を入れて酸素を追い出さなければいけません。このときに欠かせないのが「ターレット」という、ちっ素ガスを吹きこむ装置です。ちっ素を入れる角度や、ちっ素の吹き出す穴の数や大きさも研究が重ねられました。

くふう2 時代の変化に合わせた！

問題 お茶は無料があたりまえで、売れない

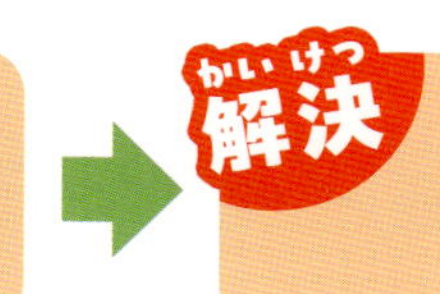

解決 お弁当とともに売る！

日本ではお店で食事をすると、たいてい水やお茶がサービスで出てきます。昔から水やお茶は「無料で飲めるもの」と考えられているほどありふれた飲み物で、お金を出して買うのはジュースなどあまい飲み物がほとんどでした。そのため、発売当時の缶入りのお茶は、あまり売れ行きがよくありませんでした。

お茶を買って飲む習慣がなかったわけではありません。鉄道などでは駅弁とともに「ポリ茶びん」（29ページ）が売られていました。これをヒントにお弁当やおにぎりをおもな商品として販売していたコンビニエンスストアに営業をはじめ、缶の緑茶が少しずつ知られるようになっていったのです。

くふう3 名前を変えた！

問題 「缶入り煎茶」

解決 「お～いお茶」

最初の商品名は「缶入り煎茶」でした。煎茶とは緑茶のひとつで、きゅうすでいれて飲む一般的な日本茶のこと。じつは煎茶や玉露、まっ茶、ほうじ茶、玄米茶などのお茶を合わせて「緑茶」とよんでいます。「煎茶」の読み方がわからないという声も多く、日本茶であることが伝わりにくいという問題がありました。

「煎茶」という名前になじみがうすいことがわかり、より親しみやすい商品名に変えることになりました。ちょうどそのころ、伊藤園では茶葉の商品のテレビ・コマーシャルで「お～いお茶」というせりふを使っていました。これを商品名として採用したところ、多くの人に知られるようになりました。

世界初！

ペットボトルのお茶をつくる！

缶の緑茶を発売してから、つづいて開発されたのが、ペットボトル入りの緑茶です。どのように誕生し、どう変化してきたのでしょう。

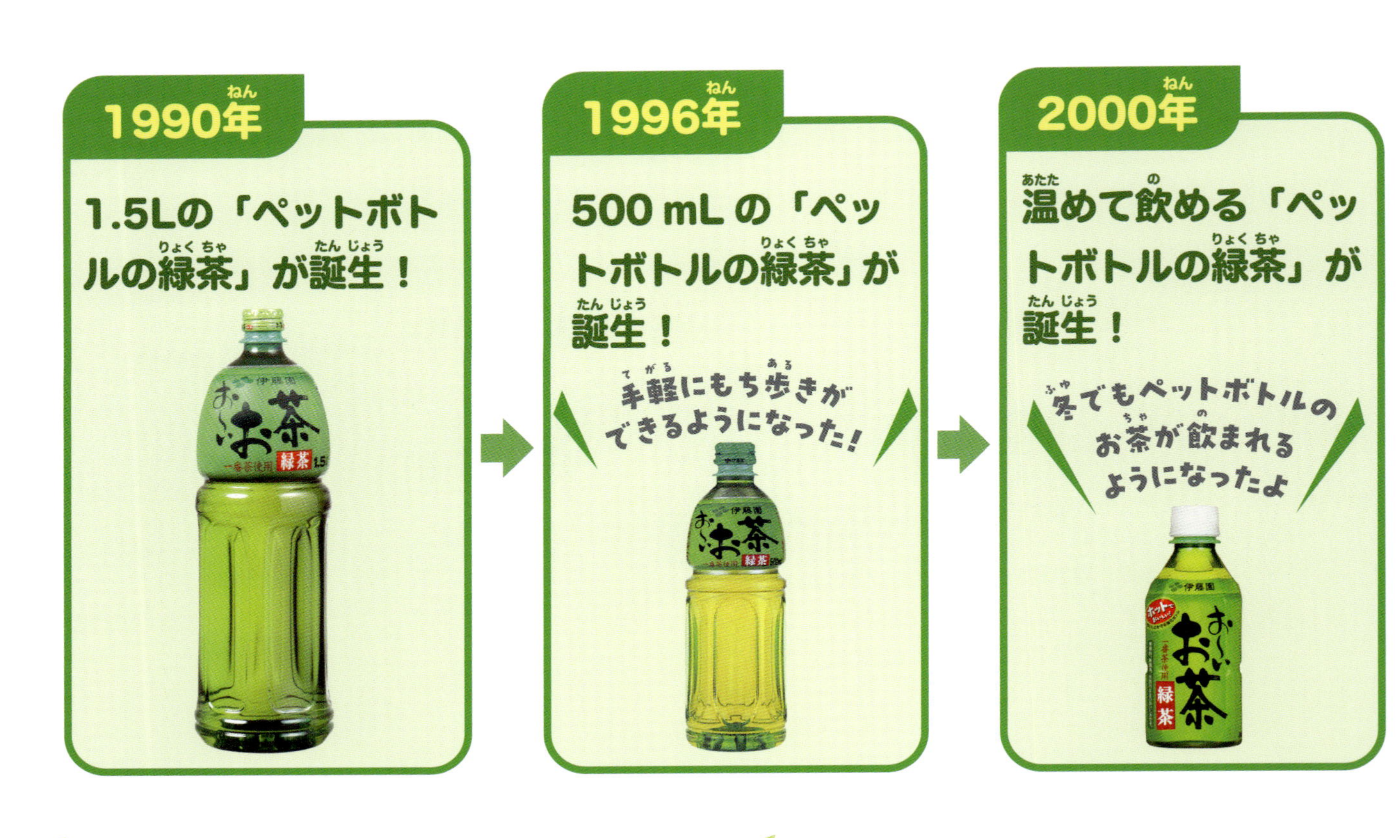

ペットボトルの緑茶はどうしてうまれたの？

1980年代になると、家庭でもきゅうすでお茶をいれるより、缶の緑茶のように手軽に飲めるお茶が求められるようになりました。しかし缶の緑茶は少量のため、家族みんなが毎日飲むには不便でした。また、開け閉めできる使いやすい容器が必要でした。そこで1990年に1.5 Lのペットボトルのお茶が開発されました。つづいて1996年にはもち運びしやすい500 mLのペットボトルのお茶が誕生しました。

お茶のにごり「オリ」をなくす！

ペットボトルには、缶にはなかった問題がありました。それは緑茶に特有のにごり「オリ」が見た目をそこなうこと。オリとはお茶の成分が藻のように集まったものです。時間がたつにつれ大量に発生し、沈でんします。体に悪いものではありませんが、透明なペットボトルだと見た目が悪く、お茶の風味をそこなう原因にもなります。また、お茶には光も大敵。光を通す透明なペットボトルには、さまざまな問題があったのです（34ページ）。

夏には冷たく、冬にはホットで

夏は冷たいお茶を、冬は温かいお茶をペットボトルで飲みたいという声も多くありました。そこで、冷凍に対応できるペットボトル、電子レンジで温められる耐熱のペットボトルも開発されました（35ページ）。通常のペットボトルとくらべ、冷凍できるペットボトルは変形しにくいように形をくふうし、耐熱ペットボトルは熱にたえられるように構造をくふうしています。

時代に合わせて変化する味わい

缶の緑茶が発売された当時は、あまい飲料が人気でしたが、時代は健康志向へと変化していきました。「カテキン＊」など、お茶にふくまれる成分が体にいいと、健康への効果が注目されるようになりました。渋み、苦み、さわやかさなど、お茶に求める味の変化とともに「お〜いお茶」は、時代に合わせて味を変えています。

大きくデザインを変更。2017年にリニューアル発売された「お〜いお茶 緑茶」

渋みの強い緑茶が飲みたいという声にこたえて2004年に発売された「お〜いお茶 濃い味」。

＊ カテキンは緑茶の渋み、苦み成分のもとで、殺菌作用や体内の炎症をおさえる「抗酸化作用」があるといわれています。

ペットボトル容器は、いつうまれたの？

ペットボトルは、石油からつくられる樹脂の一種「ポリエチレンテレフタラート（polyethylene terephthalate:PET）」からつくられます。この素材を発明したのは、アメリカ・デュポン社の化学者、ナサニエル・ワイエスさん。1974年には、炭酸飲料の容器として使用されるようになりました。日本には1977年に伝わり、はじめて使われたのはしょう油の容器でした。清涼飲料水などの容器として使用が許可されたのは、1982年からです。軽くてじょうぶで、さまざまな形に対応できるため、今ではなくてはならない便利な容器となりました。

伊藤園のくふう②

ペットボトルの緑茶ができるまで

ペットボトル入りのお茶ができるまでには、さまざまなくふうがありました。お茶の色や味が変わってしまう問題をどのように解決したのでしょう。

くふう1 オリをのぞく

問題 「オリ」が見えてしまう

解決 「ろ過」でにごりをなくす

お茶はいれてから時間がたつと「オリ」が生じます。「オリ」はお茶の成分が集まったもので体に悪いものではありません。香りやうまみのもとであり、お茶に欠かせないものですが、見た目がちょっと気になります。時間とともにオリが増え、お茶がにごることもあります。透明なペットボトルでは、この「オリ」をのぞくことが必要でした。

「オリ」をのぞく技術を 1996 年に開発しました。抽出したお茶を目の細かい特別なフィルターに通し、ろ過します（これを「ナチュラルクリアー製法」といいます）。香りやうまみのもとになる成分はそのままに、「オリ」だけを取りのぞくことができ、すきとおった黄金色の美しいお茶がうまれました。

フィルターでろ過する。

くふう2 光を通さない

問題 「光」を通しやすい

解決 光を通さないギザギザ加工

お茶は光が当たりつづけると、色が変わったり味や香りが劣化したりします。太陽の光だけでなく、お店のショーケースの照明も大敵です。ペットボトルは透明なので、光を通してしまうという問題がありました。

「お～いお茶」のペットボトルには、ボトル本体の上部にギザギザのみぞがついています。このギザギザは 70 本あり、光をいろいろな方向に反射させ、容器に入る光の量を少なくしています。

初代のペットボトルは、光を通しにくいようにボトルの色が緑色だった！

くふう3 熱に対応させる

問題 加熱すると酸素が通りやすくなる

解決 酸素を通しにくいボトルを開発

ペットボトルで温かいお茶を飲みたいという声にこたえようと、温めて飲める耐熱ペットボトルの開発がスタートしました。ところがそこで大きな問題が発生。目で見てもわかりませんが、じつはペットボトルの表面にはとても小さな穴が開いています。加熱するとこの穴がふくらみ、お茶の劣化のもととなる酸素を通しやすくなってしまうのです。

ペットボトルの内側を炭素の膜でおおうことで、外部からの酸素を入りにくくしました。また、冬は味の濃い食べ物といっしょに飲まれることも多いため、お茶の味わいをしっかりと感じられるようなつくりにしています。こうして2000年に、温めて飲める「お～いお茶」のホット対応ペットボトルがうまれ、2016年にはお茶を少しずつ時間をかけて飲みたいという飲み方の変化に合わせて、電子レンジで温められるペットボトルも登場しました。このようにペットボトルも進化しつづけています。

キャップをはずして、そのままレンジで温められる。

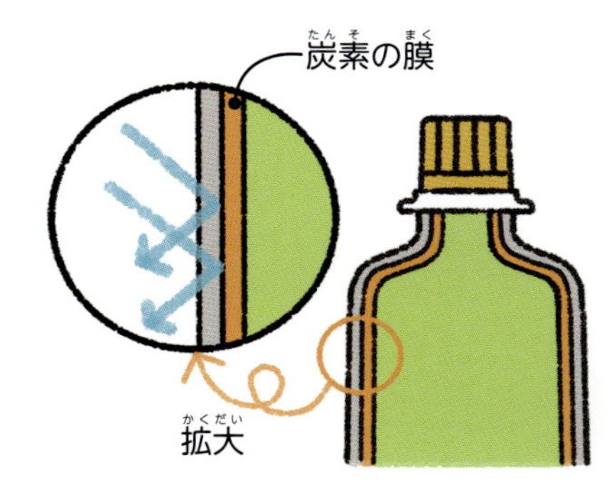

ペットボトルの内側を炭素の膜でおおうことで、酸素による劣化を防げる。

お店の環境もととのえた！

温められる耐熱のペットボトルは完成しましたが、お店には、ペットボトルを温めておける設備がありませんでした。温めて販売できないのでは、外の寒いところから温かいお茶を求めてやってきた人に届けられません。そこで伊藤園では、加温できる機械をお店に無料で提供しました。これにより、寒い季節に外出先でも温かい「お～いお茶」が飲めるようになりました。

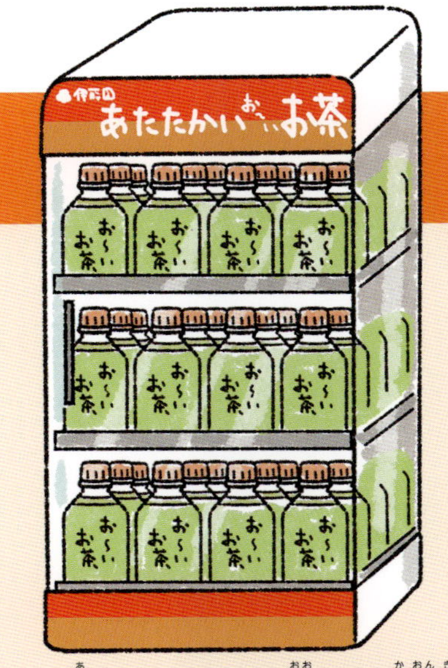

置くスペースに合わせてさまざまな大きさの加温機がある。

もっと知りたい

おいしいお茶のひみつ

世界でいちばん飲まれているお茶としてギネス世界記録®＊にも登録されている伊藤園の「お～いお茶」。お茶づくりには、まだまだひみつがいっぱい。茶葉やお茶をつくる工程、商品を出荷するまで、どんなくふうがあるのでしょう。

＊2023年に「最大の無糖緑茶飲料ブランド（最新年間売上）」としてギネス世界記録に登録された。

ひみつ1 お茶の量によってつくり方がちがう！

「お～いお茶」は商品名は同じですが、大容量と小容量のお茶ではつくり方がちがいます。どうしてつくり方を変えているのでしょう？

缶や少ない量のペットボトルのお茶は、コンビニエンスストアなどで売られ、お弁当などといっしょに飲まれるため、お弁当を食べ終わる短い時間に飲みきれる量（190 ～ 600mL）となっています。少ない量でもお茶のうまみや渋みなどの味わいを十分に感じられるようにつくられています。また、食事にふくまれる油分や塩分を流し、口の中をスッキリさせるねらいもあります。

いっぽう、2Lなどの大容量のペットボトルのお茶は、家でコップに移して飲んだり、氷を入れて飲んだり、お茶だけを飲んだりすることも多いため、しっかりとお茶の香りをたのしめながらも、スッキリとしたあと味を感じるつくりになっています。飲む人の状況に合わせて、細かいくふうがされているのです。

小容量の缶とペットボトル

くらべてみよう

大容量のペットボトル

「お〜いお茶」専用の茶葉がある

缶やペットボトルのお茶は、工場でつくられてから、わたしたちのもとに届くまでに時間がかかります。伊藤園では、容器のふたを開けた瞬間にいちばんおいしい味わいを提供するため、専用の茶葉を開発しました。

香りをよくするためのくふう

お茶の葉どうしがくっついた丸まった形の茶葉に加工します。茶葉は酸素にふれると品質が低下しやすいため、空気にふれる部分を少なくしているのです。

味を調整しやすくするくふう

お湯に茶葉を入れたときに、茶葉がゆっくりとほどけていくほうが、お茶の成分がじっくりお湯に出るため、お茶の味をきめやすくなります。茶葉がゆっくりとほどけていくように、一般的な茶葉よりもちぢれるように加工をしています。

風味をよくするための「火入れ」のくふう

茶畑でつまれたお茶の葉（生葉）は「荒茶」に加工されます（14 〜 19 ページ）。つぎに仕上げ工場で茶葉を風やふるいで分別します。そして、最後におこなうのがお茶の味わいと香りをきめる「火入れ」です。火入れでは、水分量が 2 〜 3％になるまで乾燥させながら、お茶の風味を引き出していきます。むずかしいのは茶葉の大きさはふぞろいなので、火の入り方にも差が出てしまうこと。茶葉の中心に水分（「芯水」といいます）が残っていると、いざお茶を抽出するときに味や香りが悪くなってしまうのです。そのため火入れでは、茶葉の大きさや状態に合わせて、1 秒単位で調整します。図のように、2 つの方法を用いて熱を加えます。茶葉の出来は毎年変わり、天気も影響するため、機械が進歩して新しい技術がうまれても、最後はやはり熟練の職人の経験や感覚が大切です。

マイクロ波による火入れ → **直火式による火入れ**

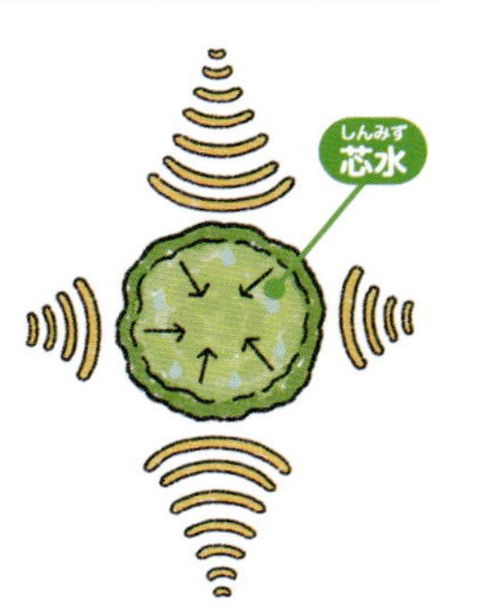

まず、電子レンジなどに用いられている「マイクロ波」を使って、じっくり葉の芯水を減らしていきます。

つぎに、直火式の火入れで、くきや葉がふんわりふくらむように乾燥させ、味と香りを引き出します。

茶畑の手入れも欠かさない

おいしいお茶をつくるには、原料となるよいお茶の葉（生葉）が必要です。よい生葉をつくるためには、茶畑の土づくりが重要です。肥料をあげたり、根がしっかりのびるように土を耕したりします。また、つみとりやすい高さになるように枝をととのえたり、害虫や霜がつくのを防いだりするなど、一年中お世話が欠かせません。日本の農業にたずさわる人口は年々減りつづけ、高齢化も進んでいるため、耕作できなくなった荒れた農地が増えています。伊藤園では、こうした農地の再開発を手がけたり、栽培技術を研究し、茶農家に技術を提供したりするなど、茶業界の問題解決にも取り組んでいます。

枝を切った茶畑。お茶の木（チャノキ）は枝を切らないと葉をつみとりにくくなるだけでなく、栄養豊富な新茶が育たなくなってしまうので、5〜7年くらいで一度切りもどす。

品質管理も欠かさない

商品は、お店に届くまでのすべての工程で、品質チェックがおこなわれています。たとえば、茶畑ではお茶の葉（生葉）の状態を管理しています。工場では、お茶を抽出したときの味、香り、色はもちろんのこと、容器につめたあとの内容量や、ラベルのはり方、賞味期限の印字などに問題がないかを検査しています（23〜24ページ）。機械も用いていますが、人の目でも念入りに確認されます。このほかに、異物の混入などを防ぐ「フードディフェンス」（39ページ）の取り組みもおこない、食品の安全を守っています。

食品の安全を守る「フードディフェンス」とは？

日本では2020年に、HACCP＊という衛生管理の方法が食品を取りあつかう事業者に義務づけられました。HACCPは、宇宙食の安全を守るために、アメリカでうまれた考え方で、現在では世界中で用いられています。この方法では有害物や細菌などが混入しないように、食品を製造する工程を細かく分けて管理することが義務づけられました。これにより、事故がおこったときでも原因をつきとめ、出荷を停止するなどの対応がすばやくできるようになりました。

けれども、これだけでは、悪意ある食品テロを防ぐことはできません。日本でも過去に、冷凍食品へ有害物質が入れられるという事件がおこりました。そこでうまれたのが「フードディフェンス」という取り組みです。食品に意図的に異物や有害物が混入されるのを防ぐため、部外者の侵入を防ぐ防犯を強化したり、はたらく人が製造場所へもちこむものを検査したり、はたらく人の身もとの確認を念入りにおこなったりして、食品の安全を守っています。

＊ハサップ（HACCP）とは、Hazard（危害）、Analysis（分析）、Critical（重要）、Control（管理）、Point（点）の頭文字をとった言葉。

ひみつ5 お茶の知識を深める！「ティーテイスター制度」

伊藤園では、お茶に対する高い知識をもち、社内・社外にお茶を広める活動がおこなえるよう、1994年より「ティーテイスター制度」という社内資格制度を取り入れています。2017年には厚生労働省から「伊藤園ティーテイスター社内検定」として社内検定の認定を受けました。この検定は１～３級まであり、年に１回、希望者が受けることができます。お茶の知識を確かめる学科試験、お茶の味の良し悪しを見分けられるかを調べる「検茶」という実技試験、口述試験があります。一人一人がお茶についての広い知識をもつことで、お茶の味を支えているのです。

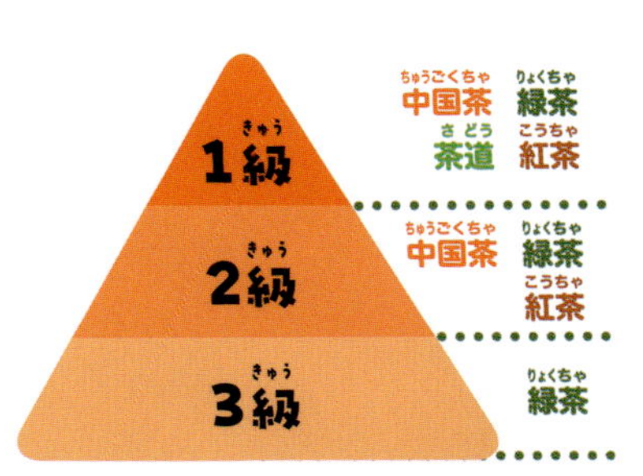

２級以上の有資格者は伊藤園が全国で開催しているお茶の講座などで、お茶にまつわる文化や歴史、お茶のいれ方、まっ茶のたて方などを伝える講師になることができる。

10月１日の「日本茶の日」に伊藤園が開催している「日本茶の日 お～いお茶大茶会」では、お茶の魅力を伝えている。このイベントではティーテイスターによるお茶のいれ方の実演もおこなっている。

どんなふうに商品を開発しているの？

写真は、商品のお茶の味を調べるために飲んで確認をしているようすです。伊藤園では全国の工場から届く商品を、目と鼻と口で、いつもとちがうところがないか、毎日確認をしています。新しい商品を開発するときにも、このようにお茶の味や香りをチェックしながら味を調整しています。

伊藤園では、緑茶をはじめ、ほうじ茶や玄米茶など、さまざまなお茶の飲料を開発しています。新しい商品はどのようにつくられるのでしょうか。

いきおいよくすすり、舌の全体にいきわたるようにしてお茶を飲みます。目と鼻と口のすべてを使ってチェックしています。

1 どんなお茶をつくる？

渋みが強いもの、あと味がスッキリするもの、香りが高いものなど、味わいの好みは時代によって、また、人によって変わります。伊藤園ではマーケティング部門（27 ページ）が商品の企画を担当しています。まず、お客様相談室に届く声やアンケートなどから今の時代に求められている味を調査します。新しい商品ができるまで 3 〜 5 年かかることもあるため、発売するときの流行に合うお茶を予測することも大切です。また、社員全員が新しい商品を提案できる制度もあり、そのアイデアをもとに商品化することもあります。

2 つくりたい味を研究する

はじめに、マーケティング部門が商品を企画します。さまざまな茶葉を組み合わせて、きゅうすでお茶をいれながらつくりたい味のイメージをさぐっていき、それを開発部門に伝えます。お茶の味を調べて、意見をかわしながらレシピをつくっていきます。めざすのはおいしさだけではありません。自然の素材がいかされているか、時間がたっても味や香りに変化がないか、また安全に飲めるか、お客さんの心に届くデザインであるかなども研究しています。

商品をつくるときに大切にしていること

伊藤園がかかげている製品開発コンセプト。

3 試飲と試作をくり返す

開発部門の人たちが、レシピにもとづいてさまざまな茶葉を組み合わせて試作を重ねます。農家からお茶の葉（生葉）の仕入れを担当している仕入れ部門（27 ページ）にも相談しながら、100 〜 300 以上の試作と試飲を重ねて、イメージする味に近づけていきます。最終的に実際に工場でつくって、商品開発にかかわる人たちで味や香りをチェックして、商品化するものを決定します。

ポイント

商品として販売されるお茶は、工場でつくったあと時間がたってからお客さんのもとに届くから、飲むときにいちばんおいしいお茶になるようにつくっているんだ。

「お～いお茶」のリニューアルを見てみよう

「お～いお茶」は、じつは毎年少しずつ変わっています。
「お～いお茶」のリニューアルはどのようにおこなわれているのでしょう。

どう変える？

時代に合わせた「おいしい」をつくる

「お～いお茶」は、時代のニーズに合わせて少しずつ変化を重ねてきました。年に２回、春と秋にリニューアルをしていて、毎年春に発表される新茶入りの「お～いお茶 緑茶」もその一つです。商品は５月中旬に発売になりますが、「茶市場」（27 ページ）で新茶の取り引きがはじまるのは、４月の中旬。発売までのわずかな期間で商品をつくらねばなりません。茶葉を仕入れる仕入れ部門の人たちは、３月中旬から全国の茶畑に行き、その年の新茶の出来具合や収かく量などを調査します。そして、よい茶葉を見きわめて仕入れます。新茶の茶葉を選ぶポイントは、うまみがたっぷりあって、抽出したときにしっかりお茶の色が出ること。マーケティング部門や工場の開発部門は、仕入れ部門から情報を得て、仕入れた茶葉を使ってレシピの開発をスタートします。

デザインも変える！

パッケージのデザインもマーケティング部門で考えています。2015 年からは、見た目からも春を感じられるように期間限定で桜をあしらったデザインの商品を発表しています。また、容器・包装を簡略化して、原料に使うプラスチックの量を減らすなど、ペットボトルのメーカーと協力して環境面でもくふうを重ねています。

どうやってつくる？

茶葉の特ちょうをいかして工場でレシピをつくる

茶葉は産地やとれた時期によって香りや味がちがいます。それぞれの茶葉の特ちょうを知り、どのように組み合わせれば、めざす味がつくれるのかを考え、何度も試作をおこないます。茶葉にお湯をそそいで茶葉がもつ香りや味を確かめたり、お茶を抽出したあとの茶がら（46 ページ）を食べて、どれだけ味が残っているのかを確認したりします。茶葉の組み合わせやいれ方がきまったら、工場で大量に生産するためのレシピをつくります。

ポイント

お茶は香りが大切！　試作をするときには、ほかの食品などのにおいがまざらないようにお茶専用の部屋でおこなうよ。

マーケティング部門と話し合いながら、求められている味をつくっていきます。うまくできると達成感がありますね！

開発部門

坂田匡孝さん

いろいろな種類の茶葉にお湯をそそいで、茶葉の特ちょうを確認しているところ。目、鼻、舌の感覚が大事！

3つのポイント

おいしいお茶飲料をつくるときに欠かせないのが、目、鼻、舌で確認すること。AI が発達しても人が確認することは大切です。

「目」で

茶葉にお湯を入れて、葉の開き具合やしずみ方を見る。苦みなど味に影響をあたえる成分が出すぎていないかを確認する。

「鼻」で

茶葉の香り、お湯をそそいだときの香り、飲んだあとに口の中に残る香りなどを鼻で確認する。

「舌」で

舌の場所によって味の感じ方がちがうため、舌全体に広げて味わう。口にふくんだときの味と飲み終わったあとの味を確認する。

捨てないアイデア！何からできているのでしょう？

紙ナプキンや紙袋、キッチンペーパー、たたみ、おもちゃなど、たくさんの製品が机に並んでいます。緑色をしたこれらの製品は、何からできているのでしょう？じつはこれらはすべて、お茶をいれたあとの茶葉「茶がら」をリサイクルしてつくられています。茶がらはどのように利用されているのでしょう。

ほんのりお茶の香りがするよ！

商品提供：株式会社伊藤園

全部、お茶から
できているの!?
緑色だね!
足つぼ
健康ボード
ZAKUPLA-KUN
BANDAI NAMCO
サンプル
折紙

茶がらが大活やく！

お茶をいれたあとの「茶がら」には、においを消したり、ばい菌が増えるのを防いだりする緑茶の有効な成分がたくさん残っています。
伊藤園では、「よいところがたくさんある茶葉を利用しないのはもったいない」と考えて、茶がらをリサイクルする取り組みをはじめました。

飲料工場で抽出後に出た茶がら。

捨てればごみ。リサイクルで資源に！

茶がらは昔から肥料として畑にまいたり、家畜のえさにしたり、家庭ではたたみをそうじするときなどにも用いられたりしてきました。けれども、飲料工場で出る茶がらは大量です（年間約 56,600 トン／2023 年度）。水分を多くふくみ、温度が高い茶がらはくさりやすく、すぐにカビがはえてしまいます。乾燥させれば防げますが、石油やガスなど多くのエネルギーを使うため、環境への影響も大きくなります。
伊藤園では、エネルギーを節約しつつ、大量の茶がらをくらしに役立つ製品にリサイクルできないか、研究をつづけてきました。その結果、くさらせずに常温のまま工場に運ぶ技術の開発に成功し、茶がらを使った紙製品や建築の材料など、100 以上の製品がうみ出されました。原料としてリサイクルするだけでなく、茶がらがもつ、ばい菌が増えるのを防ぐ力（抗菌）、においを消す力（消臭）などをいかし、新しい価値も加わった製品がつぎつぎと開発されています（「アップサイクル」といいます）。

茶がらのもつ力

抗菌
ばい菌が増えるのを防ぐ力

消臭
においを消す力

茶がらのリサイクルはむずかしい！

茶がらには水分がたくさんふくまれている

↓

茶がらはくさりやすい

茶がらを乾燥させるには多くのエネルギーが必要

茶がらのリサイクル製品

> 600 mL その商品に使われている茶がらの量を表しているよ。
> 例）600 mL 1本分＝600 mLの「お～いお茶」から抽出した茶がらの量。

●抗菌や消臭効果をいかした商品

くつの中じき（インソール）

くつの中じきの生地に茶がらと茶葉を配合している。抗菌・消臭効果がある。

約2本分

（1足〈2枚〉あたり）

ベンチ

表面の素材に茶がらを配合しているため、抗菌効果がある。材料に回収した食品トレーなどの廃プラスチックも使用している。

約200本分

紙ナプキン

お茶の香りがする。吸水力もバツグン！

約30本分

（1000枚あたり）

枕の芯材

枕の中身に茶がら入りの樹脂パイプを使用している。

600 mL 約4本分

●そのほかの商品

人工芝充てん剤

グラウンドなどの人工芝の下にしきつめられている。一般的な黒ゴムチップのものにくらべて表面温度が約7℃下がる。

約38万本分

（サッカー場1面あたり〈約8,000㎡〉）

茶がら配合シート装着型自動販売機

茶がらをまぜたシートを自動販売機の表面にはることで、自動販売機から発する熱の放出をおさえている。

約140本分

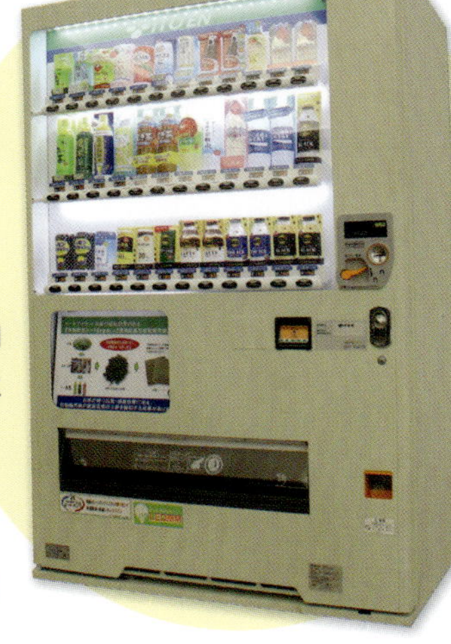

段ボール

お茶のほのかな香りで古紙独特のにおいがおさえられる。また、古紙の使用量も減らせる。（1ケースあたり）

約2本分

名刺

ほのかにお茶の香りがする。伊藤園の全社員が使用しているオリジナルの名刺。

約1本分

（100枚あたり）

監修　株式会社 伊藤園

1966年、リーフ（茶葉）製造・販売会社として設立。その後、世界初の缶入りウーロン茶飲料や緑茶飲料、また、ペットボトル入り緑茶飲料の開発に成功。緑茶、麦茶、ウーロン茶、紅茶などの茶系製品のほか、野菜飲料、コーヒー飲料などの製造・販売を手がけている。時代やライフスタイルの変化に合わせた新しいたのしみ方や価値をつくりつづけ、「健康創造企業」として日本をはじめ世界中の人々の健康で豊かな生活と持続可能な社会の実現をめざして製品開発をおこなっている。

撮影協力

- 伊藤園　浜岡工場
- 株式会社ホテイフーズコーポレーション
- 遠藤光さん、岡田実和さん、小菅耕四郎さん、志内惟晃さん、二ノ宮湊さん、間中美月さん

スタッフ

- イラスト　いしかわみき
- 写真　ピクスタ
- デザイン・DTP　ダイアートプランニング（高島光子、野本芽百利）
- 撮影　竹下アキコ
- 執筆協力　水本晶子、諸井まみ
- 校正　夢の本棚社
- 編集協力　株式会社スリーシーズン（吉原朋江、藤門杏子、永渕美加子）
中村順行（静岡県立大学茶学総合研究センター）

参考文献

『改訂版 日本茶のすべてがわかる本　日本茶検定公式テキスト』（日本茶検定委員会監修、NPO法人日本茶インストラクター協会企画・編集、農山漁村文化協会）
『緑茶の事典 改訂３版』（社団法人 日本茶業中央会監修、柴田書店）

伝えよう！和の文化　お茶のひみつ①　お茶の工場に行こう

2024年10月30日　初版第１刷発行
監修　株式会社 伊藤園
編集　株式会社 国土社編集部
発行　株式会社 国土社
〒101-0062 東京都千代田区神田駿河台2-5
TEL 03-6272-6125　FAX 03-6272-6126
https://www.kokudosha.co.jp
印刷　瞬報社写真印刷株式会社
製本　株式会社 難波製本

NDC 619　48P/29cm　ISBN978-4-337-22701-9 C8361

お〜いお茶ミュージアム

「お〜いお茶」のこれまでの歩みや、未来への取り組みを伝えるミュージアムです。

「お〜いお茶」のひみつがわかるミュージアムです。お茶の魅力を多くの方に知っていただきたいという願いをこめてオープンしました。展示や動画を見るだけでなく、ふれてたのしむことができます。また、お茶のいれ方やオリジナルのラベルづくりが体験できるイベントもおこなっています。

館長　小原武秀さん

お茶の文化創造博物館

お茶の歴史や製法、喫茶の習慣や貴重な道具を紹介する博物館です。

お茶をたのしむ「喫茶」習慣が中国から伝わったのは、奈良時代から平安時代はじめ。つくり方や飲み方は変化しても、人が集まる場所にはいつもお茶があり、人と人とを結びつけてきました。それはきっと未来も同じ。形を変えてずっと飲みつづけられていくのだと思います。「喫茶」習慣の歴史をふり返るとわかりますよ。未来の人はどんなお茶を飲んでいるのか想像しながら見てみてくださいね。

館長　笹目正巳さん

【住所】東京都港区東新橋1丁目5-3 旧新橋停車場内　【入館料】「お〜いお茶ミュージアム」は無料。「お茶の文化創造博物館」大人500円（税込）、学生300円（税込）、70歳以上の方と高校生以下無料また障がい者手帳をお持ちの方はご本人と付き添いの方1名様は無料

【電話番号】03-6263-9281　【ホームページ】https://www.ochamuseum.jp